¡Hola, tanques!

MARAVILLAS VEHÍCULOS 46

TANQUES

LAURA K. MURRAY

CREATIVE EDUCATION | CREATIVE PAPERBACKS

¡LOS PRIMEROS TANQUES ERAN GRANDES!

tabla de contenido

Publicado por Creative Education y Creative Paperbacks
P.O. Box 227, Mankato, Minnesota 56002
Creative Education y Creative Paperbacks
son sellos editoriales de The Creative Company
www.thecreativecompany.us

Diseño de Wyeth Morgan
Dirección artística de Blue Design (www.bluedes.com)

Imágenes de Corbis/Ed Darack/Science Faction, 6–7; Dreamstime/ Ecophoto, 16, Elswarro, 2, Oleg Nesterkin, portada (izquierda), Oleg Doroshin, 3, 20–21; Getty Images/David Higgs, portada (centro), 13, Stocktrek Images, 8–9; iStock/ hipproductions, 14–15, RoyalFive, 10–11, 24; Shutterstock/ Zastolskiy Victor, 17; Unsplash/Serhii Tyaglovsky, 23; Wikimedia Commons/ Bain News Service, 4, Pfc. Damien Gutierrez, U.S. Marine Corps, 1, Sgt. Joaquin Vasquez-Duran, portada (derecha), Spc. Jared Eastman, U.S. Army, 18–19

Library of Congress Cataloging-in-Publication Data
Names: Murray, Laura K., 1989- author.
Title: Tanques / by Laura K. Murray.
Other titles: Tanks. Spanish
Description: Mankato, Minnesota : Creative Education and Creative Paperbacks, [2026] | Series: Maravillas | Includes index. | Audience: Ages 4-7 | Audience: Grades K-1 | Summary: "An engine-revving introduction to tanks, this transportation book for beginning readers features eye-catching photographs, humorous captions, and basic facts about the powerful military vehicles. This Spanish text includes a labeled vehicle guide, glossary, and index"– Provided by publisher.
Identifiers: LCCN 2024053424 (print) | LCCN 2024053425 (ebook) | ISBN 9798889898825 (library binding) | ISBN 9781682779224 (paperback) | ISBN 9798889899617 (ebook)
Subjects: LCSH: Tanks (Military science)–Juvenile literature. | Tanks (Military science)–Parts–Juvenile literature. | CYAC: Military tanks.
Classification: LCC UG446.5 .M8718 2026 (print) | LCC UG446.5 (ebook) | DDC 358.1/883–dc23/eng/20241213
LC record available at https://lccn.loc.gov/2024053424
LC ebook record available at https://lccn.loc.gov/2024053425

Impreso en la India

Los tanques son máquinas pesadas con **blindaje**. Los militares los utilizan en grandes combates.

¿QUÉ ESTÁS
MIRANDO?

La parte principal de un tanque se llama casco. De la **torreta** sale un cañón de gran tamaño.

Las **orugas** ayudan a los tanques a moverse. Las orugas envuelven las ruedas del tanque.

¡LO MEJOR ES QUE NO HAY LLANTAS DESINFLADAS!

Una persona conduce el tanque. Otras tres personas se sientan detrás del conductor.

¡HAZTE A UN LADO!
¡NO PUEDO!

LOS TANQUES NO TIENEN MUCHO ESPACIO EN EL INTERIOR.

Los tanques tienen puertas que se cierran. La **tripulación** permanece segura en el interior.

Un tanque avanza por el suelo. Dispara sus cañones. Su blindaje se mantiene fuerte.

¡DÉJAME ENTRAR!
¡DÉJAME ENTRAR!

¡Adiós, tanques!

[Imagina un tanque]

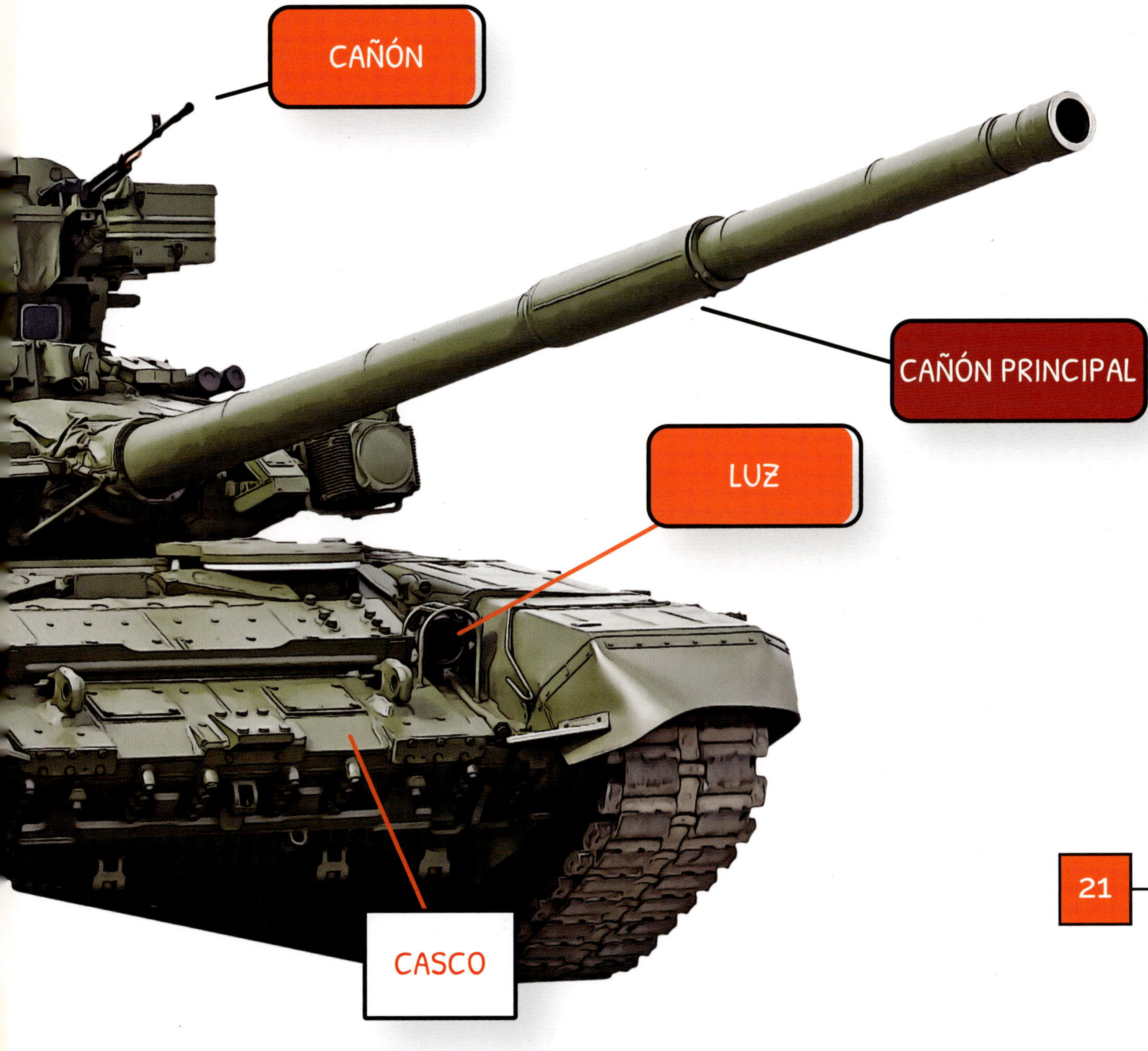
CAÑÓN
CAÑÓN PRINCIPAL
LUZ
CASCO

PALABRAS QUE DEBES CONOCER

blindaje: cubierta de metal que mantiene algo seguro

orugas: correas grandes y resistentes que rodean las ruedas de un tanque

torreta: la torre de un tanque que sostiene el cañón principal

tripulación: grupo de personas que trabajan en tanques

ÍNDICE ALFABÉTICO